图说北方番木瓜
设施栽培关键技术

刘慧纯　编著

U0229840

金盾出版社

内 容 提 要

本书以图文结合的形式介绍了北方番木瓜设施栽培的各项关键技术。内容包括：概述，适宜的设施类型及其建造，生物学特性及对环境条件的要求，主要品种，苗木繁育与定植技术，栽培管理关键技术，病虫害防治技术等。本书具有重点突出、科学实用、形象直观、言简意赅的特点，适合广大果农、基层农业技术推广人员使用，也可供农业院校相关专业师生阅读参考。

图书在版编目(CIP)数据

图说北方番木瓜设施栽培关键技术/刘慧纯编著 . -- 北京：金盾出版社,2013.1

ISBN 978-7-5082-7977-0

Ⅰ.①图… Ⅱ.①刘… Ⅲ.①番木瓜—设施农业—图解 Ⅳ.①S628-64

中国版本图书馆 CIP 数据核字(2012)第 255212 号

金盾出版社出版、总发行
北京太平路 5 号(地铁万寿路站往南)
邮政编码:100036 电话:68214039 83219215
传真:68276683 网址:www.jdcbs.cn
北京印刷一厂印刷、装订
各地新华书店经销
开本:850×1168 1/32 印张:2.625 字数:36 千字
2013 年 7 月第 1 版第 2 次印刷
印数:3 001~6 000 册 定价:15.00 元

(凡购买金盾出版社的图书,如有缺页、
倒页、脱页者,本社发行部负责调换)

目 录

一、概 述

番木瓜（*Carica papaya* L.）又称木瓜、乳瓜、万寿果，属番木瓜科番木瓜属，是多年生常绿软木质大型草本植物，为速生丰产的热带果树。番木瓜为南方名果，素有"岭南佳果"的美称。

番木瓜原产自南美洲，后传到西印度群岛，世界上以印度、巴西、墨西哥、泰国、刚果民主共和国、乌干达、菲律宾、印度尼西亚和扎伊尔等国栽培较多。17世纪传入我国，《岭南杂记》对番木瓜的植物学形态、结果习性、栽培方法和用途价值等均有记述。栽培历史已有300余年，广泛分布于热带及温暖的亚热带地区，即南北回归线之间及附近。我国的番木瓜主要分布于台湾、海南、广东、广西、福建、云南、四川等地的热带、南亚热带地区。20世纪50年代末至60年代初，在我国由于受到番木瓜环斑花叶病的危害，使得番木瓜第一年种植就已严重发病，产量下降，品质变劣，寿命缩短，造成翌年大幅减产甚至绝收。经过多年的试验研究，现普遍采取秋播春植、当年收完熟果和青果的栽培模式，在目前无法克服该病危害的情况下可获得较好收入，从而使番木瓜生产得到迅速恢复和发展。近些年设施栽培技术的研究及开发，使设施栽培下的番木瓜很少或无番木瓜环斑花叶病出现，既可防止冻害又延长了市场供应期。北方进行番木瓜日光温室栽培，更为当地消费者提供更新鲜、优质的番木瓜果实，满足了市场的需求。

番木瓜果实营养丰富、肉质甜美、香气浓郁、甜美可口，它特有的木瓜酵素能清心润肺，还可以帮助消化、治胃病，它独有的木瓜碱具有抗肿瘤功效，对淋巴性白血病细胞具有强烈抗癌活性。它富含多种维生素，特别是维生素 A 和维生素 C。维生素 A 含量比菠萝高 20 倍；维生素 C 含量是苹果的 48 倍。番木瓜富含 17 种以上氨基酸及糖类、蛋白质、粗纤维等多种营养成分，以及钙、铁、磷、钠、钾、镁等元素及 β - 胡萝卜素。未熟果与半熟果及叶片含有丰富的番木瓜酵素，可帮助消化。番木瓜的所有绿色部分均含有一种番木瓜碱，可供药用。此外，还含有番木瓜凝乳蛋白酶，广泛用于食品工业、医药、制革、美容用品等。

番木瓜果实除鲜食外，生果可腌酸菜或作蔬菜食用，还可制作果脯、果浆、果汁和罐头，并可提取果胶。番木瓜种子含油分高达 32.97%，属非干性油。此外，番木瓜的叶、根、茎干都含有淀粉，可作为牲畜的饲料。

最近，美国专家根据水果内维生素、矿物质、纤维素以及热量的蕴藏进行综合评估，番木瓜名列世界 10 种水果综合营养之首，被称为世界水果营养之王。番木瓜营养丰富、药食兼用、美容增白、帮助蛋白质消化、清热润肺、驱虫，对消化不良、血压高、乳汁稀少、关节痛、疔疮肿毒等方面的保健和预防作用，已被高层次的消费者所接受和认可（图1-1）。在高档饭店中，现在流行用上等番木瓜配上鱼翅、燕窝等做盅、制作炖品（图1-2），成为高档美食，价格不菲，成熟的番木瓜盛雪糕同食美

图1-1　番木瓜切块即可食用

图1-2　番木瓜制作炖品

味无穷（图1-3）。番木瓜在北方市场逐渐被消费者所青睐，各水果超市已成为畅销果品。因此，番木瓜将是潜在价值巨大、最具发展前景的热带水果之一。

　　番木瓜是世界上生长最快的果树之一，从移栽到结果只需6个月左右，它单干直立，长年不断开花结果，单果重0.5～1.5千克，最大可达3千克，当年平均每株可结果10～15千克，最高可产果40千克以上，并且第一年每667

图1-3　成熟的番木瓜盛雪糕可同食

米^{2}产量达 2 500 千克以上。番木瓜耐贮运，采收后自然存放 1 ～ 2 个月，生果可当蔬菜上市，成熟果实可当水果食用。番木瓜的产果早、见效快是其独有的优点，可为目前北方果树设施栽培最有发展前途的种植树种。

番木瓜是多年生常绿果树，茎干直立、少分枝，叶片自树干抽出，互生、肥大，形状为掌状，美观漂亮，果实坐果率高，植株挂果很多，北方人很少见到番木瓜树，在北方进行日光温室栽培或在连栋温室栽培，有亲临南方的感受，因此是北方观光农业中很好的观光采摘树种（图 1-4 至图 1-6）。

图 1-4　观光、采摘番木瓜

图 1-5　水果超市番木瓜畅销

图1-6　番木瓜叶片硕大、果实累累，观赏性强

二、适宜的设施类型及其建造

番木瓜为热带常绿果树，无明显的集中落叶期，具有喜温、不耐低温、喜欢较高空气湿度的显著特点。番木瓜要求冬季最冷月的最低临界温度在5℃以上，低于其临界温度就会造成顶芽幼嫩器官、根茎出现冻害现象。但我国北方地区进入冬季后，天气严寒，不能满足番木瓜生长开花结果对环境条件的要求。因此，如果番木瓜果树引种到北方地区，必须采用必要的保护设施，为其创造适宜的环境条件，尤其是温度、光照、湿度等条件。因为番木瓜树体高大，所以保护设施要求空间较大，且保护设施的保温性能要好，在冬季必须保证不出现低温伤害。因此，综合考虑番木瓜对环境条件的要求，我国北方地区引种南方果树一般只能采用日光温室或连栋加温温室，而且温室内冬季最冷月的温度必须保持在5℃以上，才能使番木瓜正常越冬。

日光温室是我国独创的保护地设施，与传统的加温温室相比，日光温室不但白天的光和热来自于太阳辐射，而且夜间的热消耗也主要来自于室内白天的蓄热。它具有采光好、保温好等特点，即使在不加温的情况下也可以进行冬季园艺作物生产。如在北纬40°地区，冬季最低气温达到-20℃甚至更低时，不进行人工加温就能生产喜温作物，节能方面居国际领先水平，因此日光温室又被称为节能型日光温室或冬暖型日光温室。日光温室由于具有墙体和覆盖保温材料，可以在冬季满足果树生长发育的条件，进行促成和延迟栽培，是北方地区果树设施生产的主要设施类型。

常见日光温室类型按照建筑材料分主要有竹木结构日光温室和钢结构日光温室。日光温室根据前屋面的形状来分，主要有半拱形屋面温室和一斜一立式屋面温室 2 种类型。竹木结构温室具有造价低、一次性投资少、保温效果较好等特点。竹木结构日光温室的一斜一立式温室前部低矮，空间相对较小，且薄膜不易压紧，不适应番木瓜栽培；半拱形屋面温室的优点是采光好、空间大和便于压紧农膜，较适宜番木瓜的栽培；钢结构温室的墙体为砖石结构，前屋面骨架为镀锌管和圆钢焊接成拱架，具有温室内无立柱、空间大、光照好、作业方便等特点，适宜番木瓜的栽培。但一次性投资较大，适宜有经济实力的地区发展。无论哪种类型的日光温室，温室设计中一定要考虑温室本身的采光与保温性能设计，以适应番木瓜对其生长环境的要求。

日光温室在建造之前，需要进行规划和良好的采光设计，包括场地的选择、温室群的规划、方位角的确定、前屋面采光角、后屋面仰角、后屋面的水平投影的大小以及建造材料的选择等，再按规划设计进行建造。

（一）日光温室的主要类型结构及建造

1. 半拱形日光温室 跨度 7～8 米, 脊高 2.5～3.1 米, 后屋面水平投影 1.2～1.5 米, 前立窗高 0.6～0.8 米, 前屋面采光角 18°～23°, 长度多为 60～80 米, 温室内设有立柱。这种温室采光性能良好, 而且屋面薄膜容易被压膜线压紧, 抗风能力强（图 2-1）。

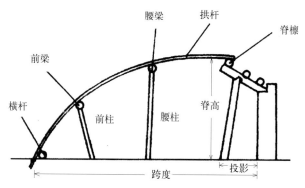

图 2-1　半拱形日光温室示意图

（1）筑墙　山墙和后墙用草泥垛土墙或夯土墙, 墙体厚度根据当地冻土层厚度决定。土筑墙体（包括培土）的厚度应超过当地冻土层的 30%。冻土层深 0.6～0.7 米的地区, 墙体厚度为 1 米; 冻土层深 1 米的地区, 墙体厚 0.6～0.7 米, 墙外培防寒土 1 米。土筑墙用土量比较大, 可在温室面积内取土, 使温室地面低于室外, 避免别处取土, 还有利于保温。但取土前, 应先将 20 厘米深表土堆放一边，用下层土筑墙。

（2）安装后屋面骨架　后屋面骨架分为柁檩骨架和檩椽骨架2种结构，各有特点。檩椽结构比较节省建材，柁檩结构比较坚固。

①柁檩结构：由中柱、柁、檩组成后屋面骨架。中柱支撑柁头部，柁尾担在后墙上，每3米为1架柁。柁头伸出柱外40厘米左右，柁尾无立柱支撑，土墙容易被压坏，下面可用木板垫住。中柱向后倾斜80°左右。柁上放三道檩，脊檩对接成一直线，腰檩和后檩错落摆放（图2-2）。

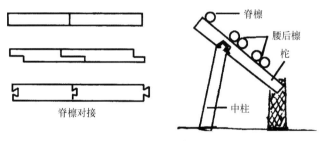

脊檩对接

图2-2　柁檩结构示意图

②檩椽结构：由脊檩、中柱和椽子组成。相当于柁檩结构的脊檩由每3米高1中柱支撑，脊檩和后墙部按30厘米间距铺椽子，椽头伸出脊檩40厘米，椽尾放在后墙上，为防止椽尾下沉，在后墙顶部放一道木杆，把椽尾钉在木杆上。椽头上部用木杆或木棱作瞭檐，横钉在椽头上，以便安装前屋面拱杆（图2-3）。

（3）覆盖后屋面　在檩上或椽上用高粱秸或玉米秸

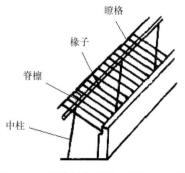

图 2-3　檩椽结构后屋面骨架示意图

做箔，抹草泥，上面抹一层沙子泥，以防裂缝。上面铺乱草、玉米秸，平均厚度达到墙体厚度的 40% ~ 50%。

（4）安装前屋面骨架

①半拱形前屋面骨架：用竹片做拱杆，弯成弧形，拱杆间距 50 ~ 60 厘米，上端固定在脊檩或檐上，下端插入土中，地面放 1 道木杆，把竹片绑住。中部设 1 道腰梁，前部设 1 道前梁，每 3 米高设一前柱和腰柱，用塑料绳把拱杆绑在腰梁和前梁上。

②悬梁吊柱前屋面骨架：在距温室前底脚 40 ~ 50 厘米处钉 1 排木桩，木桩间距 3 米，与中柱相对。每 3 米设一木桁架（松木杆），桁架上端固定在柁头上，下端固定在前底脚木桩上。桁架上用木杆做横梁，前横梁放在立柱部位，上部和中部用较粗的横梁。在各拱杆下设 20 厘米长的小吊柱，下端担在横梁上，上端支撑拱杆。小吊柱两端 4 厘米处钻孔，穿入细铁丝固定在横梁和拱杆上（图 2-4）。

2．钢骨架日光温室的结构及建造　钢骨架结构日光温室为砖墙，后屋面异质复合结构，前屋面为 6 分镀锌钢管拱杆，无立柱，跨度为 7.5 ~ 8.5 米，脊高 3.5 ~ 4 米，一次建成多年使用，采光好，作业方便，是日光温室的发展方向（图 2-5）。

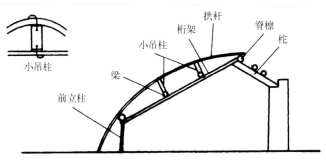

图 2-4 悬梁吊柱温室示意图

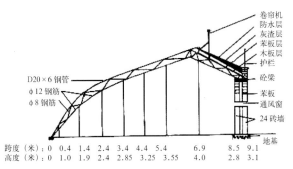

图 2-5 钢骨架日光温室示意图

（1）筑墙 目前墙体多采用异质复合结构，即内墙采用吸热系数大的材料（如石头），以增加墙体的载热能力，对提高温室的夜间温度效果很好。外墙则采用隔热效果好的材料（如空心砖），也可采用在砖石墙中间放置聚乙烯苯板等做隔热材料，以减少温室的热量损失。

后墙高度与温室脊高和后屋面仰角有关。如脊高 3.3 米，后屋面水平投影 1.5 米，后屋面仰角 31°，则后墙高度为 2.15 米。采用在砖墙的内外墙均砌二四墙，内外

图2-6 温室后墙的建造

墙每隔一定距离用砖插空连接，中间留出11.5厘米空隙，填入炉渣、珍珠岩或装入5厘米厚的苯板2层（图2-6）。建造时可先砌内墙，清扫地面后放上苯板，双层错口安放，接口处用胶纸黏合，再砌外墙，外墙表面抹水泥砂浆，内墙表面抹白灰。后墙顶部浇筑钢筋混凝土梁。东西山墙的建筑，可先立起事先焊好的一片钢管骨架，然后按照骨架的弧度进行砌墙（图2-7），山墙内同样装入2层苯板。为焊接固定钢架的前端，在温室的前底脚需浇筑地梁（图2-8）。

图2-7 温室东、西山墙的建造

图2-8 前底脚浇筑地梁

（2）拱架制作　温室拱架通常用6分镀锌管做骨架上弦，用Φ12钢筋做下弦，用Φ10钢筋做拉花，焊成骨架，骨架上下弦的间距为20厘米。半拱形骨架的前屋面角度，根据合理时段采光屋面角设计，计算方法为当地纬度减6.5°，如北纬40°地区进行采光设计，前屋面的夹角应为40°－6.5°＝33.5°。目前，前屋面和后屋面骨架通常一次焊接完成（图2-9）。后屋面仰角根据当地冬至日正午时的太阳高度角，再增加5°～7°确定。如冬至日正午时的太阳高度角为26.5°，日光温室的后屋面仰角为31.5°～33.5°。安装卷帘机的温室骨架顶部不宜过平，以免出现保温覆盖物不能自动滚落的情况。

图2-9　焊接好的拱架

（3）拱架焊接　在温室前底脚处浇筑混凝土地梁，预埋角钢。后墙顶部浇6～8厘米厚混凝土顶梁预埋角钢。安装骨架先在靠东西山墙立两片拱架，温室中部也立1片拱架，在拱架最高处用1根5厘米×5厘米的槽钢，把 3 片拱架连成整体。然后按 80 厘米间距立 1 个拱架，把焊接好后的拱架全部立起来，上端焊在后墙顶梁的角钢上，下端焊在地梁的角钢上。中部再用 3 根 Φ12 钢筋管做横拉筋，焊在下弦上来连接固定。

（4）**建造后屋面** 在后墙混凝土梁直外侧用红砖砌筑 50 厘米高女儿墙。后屋面骨架上铺 2 厘米木板箔，木板箔上铺 2 层 5 厘米厚的聚苯板，苯板上铺炉渣，把女儿墙顶部和骨架顶部的三角区铺平，抹水泥砂浆后，再用两毡三油进行防水处理（图 2-10）。

1

2

3

4

图 2-10 温室后坡的建造

1.后坡铺板箔 2.板箔上铺苯板 3.苯板上铺炉灰渣 4.抹水泥砂浆及做防水

（二）连栋温室的结构类型

连栋温室通常是指把几栋或十几栋温室连接而成的大型温室。由于该类温室通常都配备了较完善的温度、光照、湿度、灌溉、施肥等控制系统，可以实现室内环境的自动控制，故多被称为现代化连栋温室。由于连栋温室结构比较复杂，需要由专门的温室设计公司加以设计和施工建造。我们最初的大型连栋温室多由国外引进，但目前国内已有多家企业专门从事相关设计和建造工程。现代化温室的建筑材料均为铝合金或轻型钢材。根据其屋面结构的不同，可分为屋脊形连栋温室和拱圆形连栋温室。

1. **屋脊形连栋温室**　以荷兰 Venlo 型温室为代表，其屋面结构为"人"字形，传统的荷兰温室均采用玻璃为覆盖材料，近几年也开始采用塑料板材。脊高 3.05～5.95 米，肩高 2.5～4.3 米，骨架间距 3～4.5 米，温室跨度有 3.2 米、6.4 米、9.6 米等多种形式（图 2-11 至图 2-13）。

2. **拱圆屋面连栋温室**　此类屋面均为拱圆形，屋面覆盖材料为单层聚乙烯薄膜或双层充气式聚乙烯薄膜。为了提高保温效果，温室的侧面和正面通常采用玻璃或聚酯塑料板。

图 2-11　竹木结构温室栽培的番木瓜　　　图 2-12　钢架结构温室栽培的番木瓜

图 2-13　屋脊式连栋温室栽培的番木瓜

三、生物学特性及对环境条件的要求

（一）生物学特性

番木瓜为速生丰产的多年生常绿果树，在多种气候条件中都可适宜生长。实生苗定植后约 60 天开始开花，种植 1 年的植株高约 2 米。根为浅生肉质根，其茎干直立向上，少分枝，中空，高可达 8～12 米。顶芽生长势强，侧芽较少，多年生的植株被切断顶芽时容易抽生侧芽。茎具螺旋状排列的粗大叶痕，叶大单生，掌状深裂，聚生茎的顶端，通常掌状叶片具 5～7 深裂或 7～9 深裂，叶柄长而中空，长 60～100 厘米。花有单性雌株、雄株，也有两性株，着生雄花和完全花。雄花为乳黄色，萼绿色，花冠细管状，裂片 5；雄蕊长短各 5 枚，子房退化。雌花为单生或组成伞房花序，花瓣黄色或黄白色；子房卵圆形，花柱 5，柱头数裂。果实性状随着株性花性、授粉受精和果实发育的不同而有差异。雌花果多呈正圆形，两性果多呈长圆形，或梨形、牛角形等。成熟后果皮黄色或橙黄色，横剖面可见中央有五角形空腔，长 10～30 厘米，果肉厚而多汁，果肉黄色或橙红色，内壁着生多数黑色种子，外种皮肉质，内种皮木质，具皱纹。

番木瓜是热带果树，性喜炎热的气候。最适宜的年平均温度为 22℃ ~ 25℃，生长适温为 26℃ ~ 32℃。气温下降至 10℃时生长受抑制，5℃以下幼嫩器官受害，0℃时叶片即受冻，植株枯萎死亡。温度超过 35℃会引起大量落花落果。番木瓜土壤适应性较强，喜湿润，因此需水量大，但忌积水，对土壤适应性广，但要求土质疏松、透气性好、地下水位低。适栽于土层深厚肥沃、疏松、微酸性的土壤。番木瓜的繁殖主要是以种子繁殖。栽培方式多采用秋播春植方法，在南方热带地区当年冬季采收。由于生长环境不同，品种不同，番木瓜的根、茎、叶、花、果各有其特点。

1. 根系及其特性 番木瓜主要用种子实生繁殖，由胚根发育而成的根系主根粗大，侧根强壮，须根多。番木瓜的根系为肉质根（图3-1）。结果树的根系骨架由主根和粗达 3 ~ 4 厘米的数条侧根构成，对植株起着固定和贮藏养分的作用。在主、侧根上密生须根，须根上着生根毛，起着吸收水分和养分的作用。随着根系生长，部分须根发育成次一级侧根，部分须根衰退枯死，根系不断更替。

图 3-1 番木瓜肉质根系

番木瓜根系分布的深浅与土层深浅及地下水位关

系很大，地下水位低、土层深厚的地块，根系分布深，深入土层可达1米左右，但大部分根系分布在表土下10～30厘米处，若土层浅或地下水位高则分布更浅。番木瓜根系的浅生性使其易受土壤上层温度、湿度变化急剧的不利影响，对水分和养分的吸收范围窄、利用率低，抗风力差。

番木瓜根系的生长与气候条件，特别是温度条件关系很大。当日光温室内平均温度低于15℃时，番木瓜根系生长发育缓慢；番木瓜根系生长的起始地温在20℃左右，随着气温和地温的升高，番木瓜根系生长加快，当日光温室内温度处于25℃～35℃，地温约在30℃以上时，根系发育旺盛。没有土面覆盖的园地表层地温可达40℃以上，对番木瓜的生长不利。12月份以后，气温、地温低，根系生长缓慢。在低温时段根系吸收能力差，肥料的利用率低。因此，在南亚热带地区，冬季和初春对番木瓜施肥效果不显著，也易造成肥料的浪费；相反，高温季节土壤表层的高土温对根系造成伤害，若加上干旱，危害更甚。故培土、覆草料或地膜覆盖护根有良好作用。

番木瓜根系的另一特性是肉质性和好气性。其吸收根多分布在表土层，根系浅生，而且是肉质根，根系含水分多，脆嫩易折断，呼吸作用旺盛，好气性强，既需要较多水分又怕水浸而通气不良。若果园畦地不平，在吸收根分布的土面积水，或降大雨畦面被水浸达5小时以上，其根系将受影响。受浸的植株叶片出现下垂凋萎，逐渐变黄脱落，1周内叶片脱落达 5～10 片，根系腐烂，落花落果，严重时植株死亡。若遇高温干旱天气，番木瓜地面上没有覆盖保温措施，同时没有人工淋水，则番木瓜叶片会很快凋萎黄化，逐渐脱落。

2. 茎及其特性 番木瓜幼苗时茎干为实心，但随着迅速生长茎干逐渐出现空心，成年番木瓜茎干表层半木质化，中层肉质性，中央空心（图 3-2）。番木瓜顶芽生长正常时侧芽受抑制，即使有侧芽萌发也不易生长为侧枝，故正常生长的番木瓜茎干直立，一般不分枝，但切去顶芽或植株上部，或植株衰老，也可抽生侧枝，甚至再抽生第二次、第三次侧枝。侧枝也有开花、结果能力。

图 3-2 番木瓜茎中肉质

番木瓜茎干上着生叶片，在叶柄着生的茎干上留有叶柄痕，在茎干内形成"膈"，在每一叶柄与茎干着生处（称叶腋）着花、结果（图 3-3）。番木瓜茎干高矮、粗细因品种、环境条件、树势、树龄、株性、栽培管理不同而异。环境条件良好，植株生长势强壮，株高与茎粗的比值小，植株矮壮，有利于早结果、抗风和田间管理；定植时斜植有利于抑制植株长高，增粗树干，提早结果。同一品种在同一环境条件和栽培条件下，雌株生长最慢，雄株生长最快，两性株介于两者之间。据此，可作为田间砍伐雄株的参考，以便做好砍伐准备。在营养条件良好时茎干粗壮，叶片大且厚，叶色浓绿；若缺水缺肥，则茎干生长缓慢，叶片小，叶柄短，叶色黄绿，株型细小，茎干细，特别是在下部着果较多时，茎干上部容易形成鼠尾现象。鼠尾现象一旦发生，很难恢复。故在挂果较多时，更要保证肥水充足且均衡供应，以保持植株生长正常、结果良

图 3-3　番木瓜叶腋处着花、结果

好。茎干每个叶腋处都有一个潜伏芽，一般不萌发，但老树或风折、人为砍断时，上端的数个潜伏芽即可萌发，生长成为侧枝，若仅保留最上的 1 个枝，则成为主干的延长枝；若留 2～4 个枝，则斜向生长成为侧枝。幼苗定植时若苗干生长较长，可切去部分后再定植，使成长的苗株矮壮；被风所折或树龄较大、植株较高，所结的果较小，也不便管理，也可在离地面 1 米或更低处切断茎干，促进潜伏芽萌发，并选留数条培养成为侧枝继续结果。在北方温室栽培，由于设施高度的限制，每年利用侧枝开花结果的特性，进行截干处理，以促进侧枝生长。

　　番木瓜茎的高矮及生长速度，因不同品种、气候条件、栽培条件，而有明显区别。属于矮化型的品种，其茎干较矮生。如在广州调查定植后的岭南木瓜，12 个月雌株平均高度为 127 厘米，两性株茎增长较快，定植 12 个月

平均株高 153 厘米，其雄性植株增长能更快些。番木瓜茎干的生长还受外界条件影响，如在定植后，在幼株时人为把植株茎干压弯，经过一段时间处理，茎干基部便成弯曲，这样的人为压弯处理亦会影响茎干生长速度，甚至影响植株高度。茎干还可作为繁殖新株应用，经过植物生长调节剂处理，促进生根，可以繁殖新株。在北方温室栽培，当温室内温度适宜、光照充足、密度合理、肥水管理科学时，番木瓜节间距短，茎干粗壮，果实产量和品质较好，开花结果部位低，有利于温室管理；当温室内光照不足、密度过大、养分不平衡时，易出现徒长，节间长，茎干细，影响产量和品质。

番木瓜喜欢炎热气候，生长适宜温度为 26℃ ~ 32℃，月平均温度在 16℃ 以上，生长、结实、产量、品质才能正常。在 10℃ 条件下，生长受抑制。笔者于 2003 年 2 月 8 日和 2005 年 5 月 21 日在辽南日光温室内栽培的番木瓜调查表明：进入 6 月末以后，在 7 ~ 8 月份番木瓜茎的生长速度加快；到了 9 月中旬以后，随着气温的下降，茎增高生长缓慢；在 10 月份以后几乎停止生长。茎的加粗生长也是在 7 ~ 8 月份，随着株高的增长，加粗生长也在加快，当加高生长缓慢以后，茎的加粗生长也缓慢。

3. 叶及其特性 番木瓜叶片为掌状深裂，叶片一般为肥大型（图 3-4）。番木瓜由种子萌发抽出的子叶呈椭圆形，随后长出的第一、第二片真叶呈三角形，从第四、第五片叶开始呈三出掌状深裂，第九、第十片叶出现五出掌状深裂，随着植株生长，叶片逐片增大，缺刻增多并加深，叶片呈螺旋状直接着生于茎干上。成龄植株叶大型，5～7掌状深裂，叶片浓绿色或绿色，叶柄长且中空（图3-5）。从叶片抽出至老熟，需要20天左右，温室内温度适宜时可常年抽生新叶，全年抽生的新叶数量可达到60～70片。

图3-4　番木瓜的叶片

图3-5　番木瓜叶柄中空

随着新叶不断抽发、生长，先发生的叶片不断衰老、枯黄脱落，叶片寿命一般仅4个月左右。叶片是制造营养物质的主要器官，延长叶片功能期和提高叶片光合效能，是番木瓜优质丰产栽培的必要措施。番木瓜的每一果实平均需有1片以上的叶片供给养分，才能充分发育良好，故在果实生长发育过程中保持有最大且完好的绿色叶面积至关重要。因此，要保护叶片不受机械损伤、冻伤、风伤、病虫伤。在光照和肥水充足时，番木瓜叶片生长良好，形成圆头形树冠，叶面积指数大，叶片也不会过早脱落；若光照和肥水不足，叶片生长差，早脱落，呈伞形树冠，叶面积指数小。对衰退枯黄叶片及风折的

图3-6 叶痕

叶片要及早清除，使园内清洁和植株通风透光，果实受光良好，可减少果皮的擦伤和病虫危害，有利于提高果实品质和商品外观质量。叶片脱落后，留下明显的叶痕（图3-6）。

4. 侧芽及其特性 番木瓜生长有明显的顶芽优势，但侧芽的潜伏寿命较长。在番木瓜茎顶端着生顶芽，具有不断生长的特性。茎上着生有叶片，每片叶构成一节，在叶柄着生处的每个节位均有花芽或叶芽，花芽发育后便开花坐果。叶芽发育后则成为一个小侧枝。但这些叶芽多呈潜伏状态。由于植株不断增高和开花结果，其养分多集中在花果发育上，所以花芽就发育较完好，而侧芽萌动较少，潜伏着生在叶基上。其寿命较长，抗逆性也较强。在冬季气温降低或有霜冻时，顶芽就受影响或被冻死，而侧芽仍有萌动和恢复生长能力。如果冬季顶芽被冻死时，当春季气温回升时，在地面上1米处砍断茎干，则留存茎干上的侧芽仍会抽生成新茎干，并开花坐果。对多年生的过高植株，采收有困难时，同样可用这个方法砍断茎的顶部，让侧芽抽生，植株会较矮生，便于管理。在气候较好的环境下，生长期在4年以上的，番木瓜茎上亦会自行萌发侧枝（图3-7），一个主茎可着生30～40个侧枝。番木瓜在顶芽正常生长情况下，不同品种、不同植株的侧芽抽生萌动力是不同的。相同品种在同样栽培条件下,坐果少、生长粗壮的植株,其侧芽易萌发,坐果多的植株其侧芽萌动力较弱。在苗期如果发现个别幼株有明显的萌发时,要及时摘除,以利于顶芽生长。

图3-7　番木瓜的侧枝

5．花、花性及株性

（1）花　番木瓜的花在叶腋中抽生,随着植株的生长,当番木瓜植株生长到一定的叶片数(即达到一定的叶面积),有了一定的营养物质积累后,便开始陆续花芽分化,每个叶腋均会抽生花朵（图3-8）,开花结果。与木本果树不同,番木瓜经历了一定的营养生长后便进入生殖生长,一旦进入生殖生长,便能在营养生长的同时,不断地分化花芽而不受季节变化、气温和土壤干湿变化的影响。因而,在热带地区周年均有花芽分化和开花结果。但在南亚热带地区,由于冬季温度较低,不利于营养生长,也不利于生殖生长，因而开花不良。

图 3-8　番木瓜开花

番木瓜的花在叶腋中出现第一朵花的部位，因品种而不同，早熟品种穗中红48在出现第二十四至第二十六片真叶时开始现花蕾，而苏罗品种在出现第四十九片真叶后才现花蕾。在气候适宜和肥水充足的情况下，一般不间断开花、结果，但两性株在高温干旱情况下易出现趋雄倾向，即出现雄花而间断结果。

（2）花性　番木瓜的花性较复杂，依雌蕊有或缺、雄蕊数目及发育情况、花型、花瓣大小和形状等，大致可分为3个类型、5种花性（图3-9）。

①雌花　花单朵或数朵成聚伞花序着生于树干的叶腋处。花型大，花瓣5片相互离生，子房肥大，由5个心皮组成，呈多裂状。雄蕊完全退化，花瓣只有基部联合，

子房发育成的果实多为近圆形、椭圆形或梨形，果腔大，果肉较薄，一般种子较多，也有因天气影响授粉而种子少或无种子。

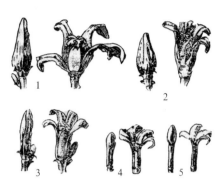

图 3-9　花　型
1. 雌花　2. 雌型两性花　3. 长圆形两性花　4. 雄型两性花　5. 雄花

　　②雄花　雄花有两种形态，雄株上的雄花，其花型细小，瘦长，花冠漏斗状，其"漏斗嘴"特别细长。而着生在两性株上的雄花，其花型较大，"漏斗嘴"短稍大。花瓣五裂，开裂度为 1/2 或 1/3。子房退化，花柱成针状，雄蕊 10 枚，着生在花瓣内壁，不能结实。在雄株上的雄花着生在长梗花序上，而两性株上的雄花则序生在短梗上。

　　③两性花：两性花又有多种类型，根据花朵大小、形状、雌蕊或雄蕊的发育情况，主要有 3 个类型，一是长圆形两性花，花中等大，花瓣 5 裂，雄蕊 5～10 枚，子房长圆形，所发育成的果实长圆形，果肉厚，果腔较小，单果最重，是主要结果的两性花。二是雌性两性花，花

朵较大，但比雌花略小，花形不正而易于识别，花瓣5裂，雄蕊1～5枚，子房起棱或畸形，所发育成的果实带棱或畸形，价值不大。三是雄性两性花，花朵小，但比雄花稍大，花瓣上部5裂，下部形成管状，雄蕊10枚，子房圆柱形或退化，所结成的果实圆柱形，较细小，或呈牛角形，果腔小，果肉厚，种子少，价值也不高。

（3）株性　番木瓜所开放的各类型花朵，可以作为区别株性的一种特征。植株开放雄花的称雄株，开放雌花的称雌株，而开放两性花时又可开放雄花的称为两性株。

①雌株：开雌花为主，花型肥大（图3-10）。这种植株花性稳定，较少受外界环境变化的影响，结果能力强，是构成产量的主要株型。但雌株所结的果实较小，果腔大，果肉较薄，单果重较轻。在温度较低时，子房多不能发育。雌株的花朵需经授粉受精，子房才能发育良好，果实较大，也有种子。在自然情况下，未经授粉受精，番木瓜子房有时也可发育成种子败育的无核果实，这是天然单性结果，这种果实细小，果肉薄，品质差，无商品价值。

②雄株：雄株有2种类型，一是长柄雄花株（图

图3-10　雌株开花状

3-11)，二是短柄雄花株（图 3-12）。多数以开放长花柄雄花为主，每个花序上着生有十几朵至几十朵雄花。全年均开雄花，花性较为稳定。这种雄株生长发育快，在园中往往先见雄株现蕾开花，不

图 3-11　长柄雄花株

能结果，但偶尔出现变性两性花结果，个别健壮植株有时也在花序末端有雌花，结 1～2 个小果。雄株的出现和存在减少了单位面积结果株数，直接影响了产量。而且由于雌花、两性花接受雄花花粉后产生果实，用这种果实中的种子繁殖的后代，雄株出现率大大提高，优良的种性也大受影响。因此，

图 3-12　短柄雄花株

雄株没有生产、栽培价值，应及早发现、砍伐。

　　③两性株：植株可开两性花的（图 3-13），同时又可开放雄花，从开花数量来看，往往是雄花数量多，两性

图 3-13　两性株开花结果状

花数量少，但结实是靠两性花。两性株受环境条件变化的影响，植株上的花型也有明显的变化。在热带地区，总的趋势是，随着温度逐渐升高，由雌型两性花转而出现长圆形两性花、再出现雄型两性花和短梗雄花。相反，温度从高逐渐降低时，花性的出现由雄型两性花及短梗雄花转为出现长圆形两性花，再出现雌型两性花。故若按一株上花型的比例，又可把两性株分为长圆形两性株、雌型两性株和雄型两性株。在广州地区，7～8月份温度高且偏于干旱，番木瓜两性株都出现趋雄现象，即由正常的两性花逐步向短柄雄花过渡，呈现间断结果现象，但间断结果情况因品种不同而有差异，至9月份前后又开两性花继续结果，10月份至翌年3月份又多出现雄花而没有结果。

两性株因受外界条件影响花性不稳定，故结果率和结果能力不如雌株。但两性株所结的果实果肉较厚，单果较重，品质较优，故也是重点培养的植株，特别是长圆形两性株与雌株是构成产量的2种主要株型。

6．果实及其特性　番木瓜的雌蕊经授粉受精后，由子房发育成为幼果，幼果继续发育至成熟。由果皮、果肉、种子构成。果实中空，种子发育时着生在果腔内壁。番木瓜未经授粉受精，则在谢花后 2～3 天子房变黄，花朵脱落。高温干旱、低温阴雨、坐果过密、肥水不足等，均可引起落花落果。

授粉受精后果实开始发育，自开花至果实成熟采收的历期因品种而异，同一品种在不同地区、不同季节的成熟期也不同。在广州地区，4 月上旬开花的，约经 180 天才成熟；4 月下旬开花的，经 160～170 天成熟；6 月上旬开花的，仅需 110～120 天便能成熟；9 月份以后才开花的，要 180～210 天才成熟。温度高、光照足，有利于果实的发育和品质的提高。在海南热带地区，温度高，日照时数多，果实发育的历期短，品质优良。低温使果实发育历期大大延长，且果肉有明显苦味，品质较差。

番木瓜果实发育呈曲线变化，内含物也发生变化。开花后 62～69 天是果实重量增长高峰，当果实发育至 72～82 天时，种子的胚迅速发育，重量迅速增加。果实和种子的迅速发育均需大量的糖类，故此时期果实中可溶性糖类含量迅速上升，而淀粉含量下降至最低点。果实发育后期，果实体积和重量增加缓慢，种子趋于成熟，果实中的淀粉大量累积，直至成熟前，淀粉又急剧转化为可溶性糖。维生素 C 的含量随果实发育而不断增加，以果面出现黄色条纹时增加最迅速，至果实顶部出现黄色时达最高值。图 3-14 为成熟的番木瓜果实。图 3-15 为番木瓜在北方日光温室栽培的结果状。

图 3-14　番木瓜的果实

图 3-15　北方温室栽培番木瓜的结果状

　　番木瓜的果实为浆果，果实含水量约90%，干旱、光照和养分不足，必然影响果实的充分发育。未成熟的番木瓜富含白色乳汁。乳汁除含水分外，还含有大量的酶类，主要是番木瓜蛋白酶，尚有溶菌酶、脂肪酶、氧化酶、凝乳酶、肤酶、纤维素酶等，在饮料、制革、药品和化妆品中有广泛用途。割取番木瓜酶是番木瓜生产的另一目的，每一个果实约可割取乳汁 2 克，果实尚可做其他的加工利用。

　　番木瓜果实的形状因品种、株性而不同，有长圆形、椭圆形、纺锤形、倒卵形、梨形等。即使同一株上的果实，其果形有时也有不同。图 3-16 是番木瓜在幼果期 4 种不同果形的比较。番木瓜同一品种的不同植株所结的果实，其形状、大小及品质，单株间差异很大。

台湾台南区农场由果实品质与园艺性状间关系的调查得知，在日升品

雌性果　　　雌性两性果　　　长圆形两性果　雄性两性果

图 3-16　4 种果形在幼果期的比较

种中，果实的甜度与果实长度、开始结果的高度，呈极显著负相关；果肉厚度与果实的长度呈极显著的正相关。

即果实越长，开始结果的部位越高，甜度越低，但果实长，果肉也厚。据此，在同一品种中可进行优良单株选择，并用扦插繁殖法、侧芽组培繁殖法获得优良的营养系后代。番木瓜果实在各生长期生长发育的形状也有不同，图 3-17 为果实各生长期的剖面图。

图 3-17　番木瓜果实各生长期剖面图

我们选择台选 1 号品种，在北方日光温室内栽培，

对果实生长动态调查，果实纵横径的生长曲线如图3-18。调查表明：从开花坐果以后，果实膨大开始测定。从图3-18中看出，番木瓜的果实生长前期生长缓慢，当生长到约2个月以后，其纵横径生长开始加快，如图从10月上中旬以后开始生长加快。进入12月份以后果实的生长开始缓慢，果个也基本达到了本品种的大小。

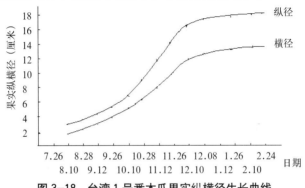

图3-18 台湾1号番木瓜果实纵横径生长曲线

7. 种子及其特性 番木瓜种子着生于果腔壁上（图3-19），由种脐连结在维管束末端的乳状突起上。维管束与内果皮聚合为一层乳白色的网膜紧贴于果肉。成熟种子呈黄褐色或黑色，外种皮有皱褶，外种皮外被一层透明胶质的假种皮所包裹，保护着种子，但也阻碍种子对水分的吸收，延缓发芽，故采收种子后要擦去假种皮，即播或晾干待播。图3-20至图3-22为种子发育过程。

种子的多少，与雌蕊发育程度、授粉受精是否充分及外界环境有关。有的果实可多达1 000多粒种子，有的果实仅有种子数粒甚至没有。种子多且发育良好，果

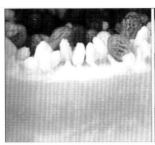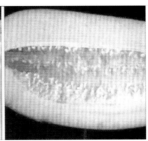

图 3-19　番木瓜种子着生状

图 3-20　种子发育前期　　　　　　　　图 3-21　种子发育中期

实发育也良好且坐果率高。
计划留取种子的，应选择
发育良好的雌花或两性花，
取两性花的花粉人工充分
授粉，并待果实黄熟过半
才采果，后熟至全黄熟时才剖取种子。

图 3-22　种子发育后期

　　番木瓜种子大小因品种不同而异，每克干种子有
50 ～ 65 粒。新鲜的种子生活力强，发芽率高，阴干后妥
善贮藏 1 年的种子，其发芽率尚有 70%，但贮藏不善和
陈旧种子发芽率低，甚至丧失发芽力，故播种前应进行

发芽率测定。

　　番木瓜种子发芽的适宜温度为35℃左右，低于23℃或高于44℃均对番木瓜种子发芽不利。番木瓜种子发芽对地温的要求更为严格，当地温在15℃～17℃时所播下的种子易发芽。国外试验结果表明：白天温度35℃～37℃、夜间温度26℃时发芽最快。故播种育苗前最好在35℃～37℃的环境中进行种子催芽，用恒温箱或自制灯泡增温箱均可，待种皮裂开见白，即种子开始萌发时才播种，可提高发芽力，且幼苗生长较整齐。

（二）番木瓜对环境条件的要求

　　1. 番木瓜对温度的要求　番木瓜是热带果树，喜炎热气候，温度是番木瓜分布、经济栽培区、产量和品质的决定性因素。番木瓜适宜在年平均温度22℃～25℃、最低月平均温度16℃以上地区作经济栽培，北方温室栽培需满足此温度条件。番木瓜生长适温为26℃～32℃，15℃是番木瓜生长的最低温度。10℃时生长停滞，连续3天以上、日平均温度10℃以下的阴雨天气，番木瓜会出现寒害。短时5℃时幼嫩组织已出现寒害，0℃时健壮叶片受冻枯死。我国多数番木瓜产区冬季易遭寒冻害。如1999年12月下旬，广州地区连续5天低温霜冻害，白云区九佛镇广州市果树研究所基地连续3天最低温 −3℃，昼夜温差25℃，番木瓜冻害严重，叶片坏死、腐烂，果实冻坏。辽宁农业职业技术学院2009年在辽南进行番木瓜露地栽培试验，10 月 23 日气温下降至 −1℃，并有霜冻，结果造成番木瓜叶片全部坏死（图 3-23）。但温度过高对番木瓜生长发育也不利，当温度高于 35℃ 时，番木瓜花的发育受影响，出现趋雄现象，会引起落花落果，影响产量。

图 3-23　辽南露地栽培秋季霜害

　　温度高低不但对番木瓜生长很重要，对果实发育快慢和果实品质也有显著影响。在台湾，10～11 月份开花的约经 6 个月于翌年 4～5 月份果实成熟；12 月份至翌年 1 月份开花的约经 5 个月于 5～6 月份成熟；2～4 月份及 7～9 月份开花的也需 5 个月，分别于 7～9 月份和 12 月份至翌年 2 月份成熟；5～6 月份开花的只需 4 个月于 9～10 月份成熟。在广州地区，果实发育前期处于较高温的条件下，如 5～7 月份开花、9～11 月份成熟的果实，糖分高、风味好、品质佳；若果实发育的中后期温度较低，如 9～10 月份开花、翌年 3～4 月份成熟的果实，由于中期常遇低温天气，使果肉质硬、味淡、苦涩、品质差；若中后期处于较高温度下，如 11 月份开花，翌年 5～6 月份成熟，其果肉尚能软化，因而含糖分略高，风味也较好。

　　温度条件可以直接影响到番木瓜的生长速度、器官的大小及寿命，以及开花、坐果率、果实大小和品质等。土壤温度也影响番木瓜的生长，在夏季，由于地下水位较高，根系分布浅而又未被土面覆盖，常因土温过高伤害吸收根而引起叶片黄化。在冬季，表层土温往往较低，加上干旱，表层根系受伤害也影响植株的生长，土面覆盖特别是黑色塑料薄膜覆盖，能显著提高地温和保湿，对植株生长有利。

2. 番木瓜对水分的要求 番木瓜正常生长、开花结果需要充足、均衡的水分，雨量充沛且降雨均匀的环境最适合番木瓜的要求。土壤湿润是保证番木瓜生长迅速、生物产量和经济产量高、周年生长、开花结果良好的重要条件。尽管番木瓜根系发达，吸收能力强，有一定的耐旱力，但土壤水分不足时，植株生长缓慢，树干、叶片纤细，开花结果迟且差；严重缺水时叶片萎蔫，出现落花落果和落叶。番木瓜根系肉质性，呼吸作用强旺，又要求土壤通气良好，若土壤水分多，地下水位过高，会引起烂根，暴雨浸园半天会造成植株严重受害甚至死亡。土壤通气不良，根系生长不良或烂根，会影响地上部分的生长、发育，使植株细弱、早衰，叶片枯黄脱落，落花落果甚至整株死亡（图3-24）。一般认为年降雨量在1 000～1 500毫米且分布均匀，适合番木瓜生长发育的要求。在印度尼西亚爪哇地区，每月降雨量大于100毫米的地方，番木瓜生长最好；在旱季，每3～4周灌水50～75毫米，可满足番木瓜对水分的要求。我国番木瓜产区年降雨量大多数在1 500毫米左右，但分布极不均匀，4～9月份的降雨量占全年的80%以上，10月份至翌年3月份仅占全年降雨量的20%以下，海南三亚11月份至翌年4月份，半年降雨量仅占全年的8.27%，干湿季节特别明显，对番木瓜生长不利，常致暴雨季节因园地积水而烂根，旱季持续时间长，植株生长停滞，落叶、落花和落果。即使是雨季，也时有夏旱、秋旱发生。因此，番木瓜栽培要重视及时排除积水和补充供水。在广州产区，每年春夏的梅雨季节（4～5月份）和秋季阵雨过后（8～9月份），由于雨量充足，番木瓜生长最快。

图3-24　番木瓜根系积水腐烂

空气湿度高低对番木瓜生长也有影响。国外研究认为，品质最好的番木瓜通常生长在空气湿度低的地方。因此，保持果园通风透光良好，有利于减少番木瓜病虫害和提高果实品质。

3. 番木瓜对光照的要求 番木瓜是喜光果树,需充足的光照。若环境荫蔽或种植过密,则植株徒长、纤弱,

节间长,花芽分化不良,成花差,落花,落果,果小,产量低(图3-25)。国外研究认为,番木瓜果实在树上完全成熟的最后4～5天,假如阳光充足,则品质最好。番木瓜在其他生长期也均需充足的光照,即在年周期中均要求充足的阳光,以利于光合作用制造、积累更多的有机物质,供生长、开花结果和果实发育的需要,以利于提高果实品质。因此,栽培中要依不同品种的特性合理决定种植密度,及时清除枯

图 3-25 番木瓜植株过密,成花差、产量低

叶,保证园地透光良好,尤其在日光温室内栽培,温室内的光照本身就要少于温室外,故在温室内栽培时,不可过密,以保证有较好的光照条件,同时在棚室管理方面,要经常及时的清除棚膜上的灰尘,以增加棚膜的透光率(图3-26)。

4. 番木瓜对土壤的要求 番木瓜对土壤的要求不很严格,在南方丘陵山地、平原、河滩、坝地均可适应,即使是较贫瘠的土地也能生长并获得一定产量。但要番

木瓜优质丰产，宜选择土质疏松、土层深厚、地下水位较低、通气良好、富含有机质、pH 值 6 ～ 6.5 的沙质壤土或砾质壤土。国外研究认为，番木瓜对土壤的要求颇似香蕉，需排水和通气良好、肥沃、富含有机质、pH 值为 6 ～ 7。

图 3-26　及时清除棚膜灰尘

土壤是番木瓜生长结果的基础，根系要获得充足和均衡的营养，首先必须使土质疏松、透气性良好，才能满足根系呼吸作用旺盛和对氧气要求多的需要，并及时排除所产生的二氧化碳等有害气体。若通气不良，根的呼吸作用受阻，不仅影响根系对水分、养分的吸收和新根的生长，而且因有害气体的毒害而引发烂根。地下水位高低和排水状况直接影响根系分布的深浅和根系的生长。若地下水位高或植穴积水，会限制根系向下伸展，大部分根群分布于土壤表层，使根系既易受表层温度和湿度变化幅度大的伤害，根群吸收范围也变窄小，使水分养分吸收、利用率低，植株生长差，产量低且不稳定。沙质土通气良好，但保水保肥性差；黏质土易积水烂根，土层也易干裂拉断肉质根，这两类土壤则需要改良，增施有机质肥，防旱保湿，才能满足番木瓜的要求。若 pH 值低于 5.5 则应增施石灰。故北方温室建造时就要选择土质疏松、土层深厚的地方并深耕疏松土壤，地下水位高则实行深沟高畦种植，设置排灌系统。

5．营养条件　番木瓜由于速生高产，需肥量大，对营养条件反应很敏感。番木瓜所需要的营养物质，除了氮、磷、钾、钙以外，还有镁、铁、硼、铜、锌和其他微量元素。

氮、磷、钾在番木瓜内分布的变化动态：营养生长期在根、茎内的变化，氮、磷、钾三元素在根茎内的含量有高的水平，其中又以在分生组织、旺盛的幼嫩器官里的含量为最高，开花结果后含量下降。在叶内的变化，展叶后含量最高，以后逐渐减少。叶片含氮量在营养生长期有较高的水平，开花后含量下降，特别是在果实发育中期含量急剧下降。在氮素供应不足的情况下，叶内的氮运转至新器官和果实，引起下层叶片的早衰脱落。在氮素供应充足时，这种现象趋向缓和。在果实增速最大时，叶片氮、磷、钾含量下降，但坐果的植株，磷、钾含量的减少比较缓慢。

番木瓜是世界上生长最迅速的果树之一。花果期长，花果重叠，可在 3 ～ 12 月份不断地开花。所以，从 4 月份开始，随着生长量的增加，植株的吸肥量也呈直线增加，直到 11 月份天气转为低温干旱时才逐渐趋向缓慢。这段期间的营养水平可表现在以下几个方面：

（1）生长量　低肥区的出叶速度缓慢，叶片寿命短，叶片薄，叶柄变细、变短，间距缩短，基端明显缩短，呈现"鼠尾"现象；下层叶片过早衰退脱落，叶片寿命明显缩短。

（2）花期与坐果率　高肥区的 2 年生植株经过冬季低温后，随着温度逐步回升，一般在 3 月中旬现蕾开花；但低肥区的植株推迟在 4 月中旬开花，花数少，花器变细，坐果率也低。

（3）花性变异　花性变异主要取决于温度。如两性株在 7 ~ 8 月份普遍出现花性趋雄现象（花器变细和多开短梗雄花），这主要是由于高温趋雄的遗传特性，但其花性变异的程度则与营养水平和品种有关。穗中红 48 的花性比较稳定，但在低肥区，营养不足加剧了花性趋雄的程度，使长圆形两性花减少，短梗雄花数增多，雄性两性花也有所增加。

（4）间断结果现象　花性高温趋雄是两性株间断结果的一个原因，但与营养水平关系密切。雌性株的坐果率较高，一般表现为连续结果。间断结果的现象主要出现在两性株，出现的时间是 7 ~ 8 月份高温干旱季节。这期间不但花数减少，而且落花落果形成间断结果现象。在低肥区的雌性株也可能出现间断结果现象，只是程度较轻。在高肥区，雌性株基本上能连续结果，两性株的间断结果现象也明显减少，这和植株养分的积累和消耗情况有密切关系。因5～6月份大量的开花结果和基部果实的生长发育，消耗了大量营养物质，加上7～8月份高温，植株呼吸作用增加，导致体内营养物质积累减少，使花器变细，子房发育不足。如果营养条件良好，可减少出现间断结果现象。

四、主要品种

（一）穗中红48

穗中红48系广州市果树科学研究所经多元杂交而育成，具有矮干、早熟、丰产、优质、花性较稳定等优点。其植株偏矮，茎干偏细，灰绿色（幼苗期红色）。叶片略小，缺刻较多而略深，绿色，叶端稍下垂。叶柄短，黄绿色。营养生长期短，从第二十四至第二十六叶期现蕾，花期早。坐果部位低，一般40～48厘米开始坐果。两性果长圆形，雌性果椭圆形，单果重1.1～1.5千克，果肉橙黄色，肉质嫩滑，硬度适中，味甜清香，食后口感舒适。可溶性固形物含量12%左右。在高温干旱条件下，两性株花性趋雄程度较轻，间断结果不明显，比较稳产。在北方温室栽培表现极丰产（图4-1和图4-2）。

图4-1　穗中红48温室栽培丰产状

图4-2　成熟的穗中红48

(二) 台选1号

从台湾引进栽培的番木瓜优良品种,该品种植株生长强壮,开花结果较早且开始结果部位也较低,果实为小型果,雌花结的果近圆形,两性花结的果椭圆形,平均单果重为464克,最大果重为605克。在台湾,播种后至始花220天,结果能力强,果皮绿黄色,果肉橙红色、艳丽,肉软汁多,气味清爽,可溶性固形物含量13.0%,丰产,单株产量约32.6千克。在北方适宜日光温室栽培(图4-3)。

图4-3 台选1号温室栽培结果状

(三) 日 升

日升番木瓜是台湾选育、推广的优质小果型品种。该品种系1967年凤山试验分所自夏威夷引进,经选育后于1971年正式命名并推广,为早中熟品种,在海南、广东、福建等地已引种并广泛栽培。该品种结果早,在海南省三亚市,2001年8月20日播种,12月15日前多数植株初开花,历时仅115天。且结果能力强,果形美观,果实大小较一致,果皮光滑,果沟不明显,畸形果少,雌花结的果实近圆形，两性花结的果实梨形。果实单果重 500～750 克，肉色橙红、艳丽，可溶性固形物含量 14.9% 左右，芳香甜蜜，风味极佳。一般在定植后 7～9 个月可采收，株产 30～60 千克以上（2 年），植株矮壮，较抗环斑花叶病。耐贮藏性中等，耐寒力弱。2009 年辽宁农业职业技术学院从广西农业科学院引进并进行温室栽培，表现良好（图 4-4）。

图 4-4　日升番木瓜

（四）红妃

红妃番木瓜是台湾培育、推广的小果型优良品种。植株矮生粗壮，结果能力强。雌花结的果近圆形，两性花结的果长圆形，果实大小均匀，单果重 1.3～2 千克，大的可达 3 千克，果面光滑美丽，果皮泛橙红色，果肉厚而多汁、红艳，果形美观，气味清香，可溶性固形物含量 15% 左右，味甜，品质佳，单株产量约 35 千克，丰

图4-5　红妃番木瓜

产稳产，抗花叶病，耐藏性良好。植株离地面50厘米开始挂果，是极具商品性的优质小果型品种。此品种表现抗病及丰产（图4-5）。

（五）香蜜红肉番木瓜

香蜜红肉番木瓜是华南农业大学种子种苗研究开发中心育成的小果型优质番木瓜新品种。该品种为中早熟，秋冬播春植的，自种植至开始收熟果约200天。植株生长势壮旺，1年生植株高1.6米，第二十五至第二十八片叶开始现花蕾，两性株连续结果性强，单株当年结果约30个。两性株结的果长圆形，雌株结的果圆形。约有55%的植株为两性株，45%为雌株。单果重600～750克，果实外观光滑瑰丽，充分成熟时深红色，果肉厚，果腔小，果肉玫瑰红色，可溶性固形物含量13%～15%，肉质嫩滑清甜，有独特芳香，品质优。较耐环斑花叶病，丰产，每667米^{2}产量约3.75万千克（图4-6）。

图4-6　香蜜红肉番木瓜

五、苗木繁育与定植技术

番木瓜通常采用实生育苗技术。在严格选种的基础上取种子培育矮壮苗，已可以满足优质丰产高效栽培的需要。但近几年应用扦插、组织培养繁育番木瓜无性苗木，也取得了成功，保证了繁殖、种植材料的一致性和商品果实形状、品质的持续性和一致性。

（一）苗木繁育

1. 实生育苗

（1）苗圃地选择 番木瓜苗期更怕低温霜冻且更忌积水。为预防番木瓜环斑花叶病，在南方一般选择在远离旧番木瓜园 500 ~ 1 000 米的地方育苗，且选择地势稍高、冷空气不易下沉积聚、背北向南、阳光充足和排水良好的地方作育苗园地；同时，要彻底清除周围番木瓜环斑花叶病病株并烧毁，以防传染。在北方一般都是在温室内育苗，尽量避开在番木瓜的生产棚内育苗，以防止病菌的侵染。

（2）容器及营养土的准备 为培育矮壮苗，采用容器盛营养土育苗效果良好。常用的容器为黑色或白色塑料营养钵（图 5-1），直径 12 厘米，高 16 ~ 18 厘米，底部开 2 ~ 4 个直径约 1 厘米的小孔，以利于排水。营

养土由较肥沃的沙壤土、充分腐熟的基肥和磷肥搅拌而成，基肥约占 5%，过磷酸钙约占 1%。营养土装满袋后，紧靠排列不超过 1 米宽，长度依温室跨度而定，以便于管理。四周围填泥土保湿。

图 5-1 番木瓜营养钵育苗

（3）种子处理及催芽 不论是新鲜的还是贮藏的种子，番木瓜播种育苗前均需消毒、浸种和催芽，以消除附着在种子表面的病菌，提高发芽率和发芽势（图 5-2）。广州地区番木瓜播前种子处理一般用 70% 甲基硫菌灵可湿性粉剂 500 倍液消毒 20 分钟后洗净，再用碳酸氢钠 100 倍液浸种 4 ~ 5 小时，洗净后用清水浸种 20 ~ 24 小时，让种子充分吸满水分。

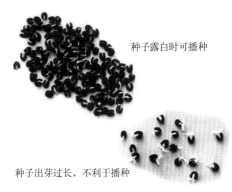

种子露白时可播种

种子出芽过长，不利于播种

图 5-2 番木瓜种子催芽

番木瓜发芽的条件是充足的水分、通气以及高温。让种子充分吸水是发芽的重要条件，但浸种时间太长，氧气缺乏亦非所宜。因此，要根据种子大小和水温决定浸种时间长短。浸种充分吸满水后，用洁净的湿毛巾或棉纱布包妥，放于35℃～37℃的恒温箱中催芽，或用自制灯箱、用电灯泡提高箱内温度催芽。也可以将种子消毒、浸种后与湿沙混合，在事先铺好的地热线上催芽，控制好温度，并用小拱棚保湿、保温。每天翻拌及湿水1次，待种壳裂开露出白点便可播种。经浸种催芽后播种，发芽率高且出苗整齐，否则先后发芽间期可达1个月以上。浸种后亦可不经催芽直接播种，但用种子量较多，发芽时间较长且不整齐。

　　(4) 播种时期和方法　　番木瓜播种时期依种植时期而定。广州等地为减轻番木瓜环斑花叶病危害的损失，多采用春植、当年完成一个生产周期的方法。在有寒害、不能带果越冬地区，仅能春植、当年完成一个生产周期，则秋冬播种，10月份至11月中旬播种最为适宜。在海南等可以生产冬、春果地区，夏植或秋植均可，则播种时期很宽。在台湾中部和南部2～3月份春播或9～11月份秋播为多。在北方温室中育苗，一般采用秋播，即可在10月下旬至11月上旬开始催芽育苗。番木瓜种子经消毒、浸种和催芽后便可播种。播种前2～3天，在育苗处做畦铺地热线，再覆一薄层土 (图5-3)。对预先准备好的营养土装入营养钵内，并将营养钵摆放在地热线上 (图5-4)，以提高营养钵内的土温。播种时每容器播下1～2粒种子，盖上腐熟有机质肥混合细土，厚度以种子大小的1倍为妥，不宜太厚。淋水后再用薄膜小拱

图 5-3 先铺地热线后覆一层土

棚覆盖，保温并保持土壤湿润，小拱棚内温度控制在 20℃～30℃为宜（图 5-5）。

（5）苗期管理 苗期管理是培育矮壮番木瓜苗成败的关键。秋播苗必须经过越冬，至翌年春定植，故秋播苗的主要任务是调控好温湿度，合理施肥喷药，以防止徒长或感染病害。

番木瓜的生长温度为 5℃～

图 5-4 地热线上摆放营养钵

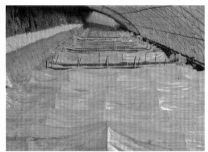

图 5-5 番木瓜薄膜小拱棚保温育苗

35℃，秋播以后，要利用竹片搭盖的塑料薄膜拱棚，以便于保温防寒，促进幼苗生长。要保持容器的土壤湿润，但绝对不能过湿，特别是幼苗长出 2～3 片真叶时，应适当减少水分，防止徒长或感染病害。番木瓜播种后，一般 10～20 天幼苗的子叶陆续露出表土，苗棚内温度

保持在可 25℃ ～ 27℃较为适宜，不能高于 35℃和低于
4℃，当气温超过 30℃时，应打开拱棚两端的薄膜（图
5-6)，让其通风降温，故当气温较高和阳光强烈时，于

图 5-6   小拱棚内高温时随时打开薄膜

上午 10 时左右把拱棚的薄膜揭开或仅两端揭开通风，待
下午 3 时左右重新盖妥薄膜，使夜晚温度提高，达到保
温防寒的效果。幼苗已长出 2 ～ 3 片真叶或更早，可进
行间苗及补苗。若营养钵内多于 1 株苗，应留壮的苗间
除去多余的，缺苗的应及时从多苗的容器上移出补上。
补苗移植时带土，种植深度与原来深度一致。移植后淋
水，并注意防晒保湿。抽出 4 ～ 5 片真叶后开始施薄肥，
一般用 0.1% 尿素或 0.1% 磷酸二氢钾溶液喷施，或 0.2%
复合肥溶液淋施，每 10 天淋 1 次。因叶嫩易受肥伤，忌

施化肥，淋施有机质液肥要避免残渣留在叶片上造成伤
害。随苗木生长，叶面喷施的浓度可提高至 0.2% ~ 0.3%。
幼苗 5 片叶以后抗寒能力逐渐增强，可开始逐步炼苗。
如温室内夜间温度不低于 7℃时可不盖膜，并适当减少肥
水，尤其是氮肥的施用。

在苗期若发现环斑花叶病的病株要及时清除，以免
病害扩散。幼苗陆续萌发出土后，每周喷 1 次 70% 甲基
硫菌灵可湿性粉剂 1 000 倍液，或 50% 多菌灵 1 000 倍液，
以防幼苗感病，或淋施防治根腐病。若发生白粉病，可
喷 40% 胶体硫悬浮剂 500 ~ 600 倍液 2 ~ 3 次。发现蚜
虫危害可用 50% 抗蚜威可湿性粉剂 2 000 倍液喷杀 2 ~ 3
次。有红蜘蛛危害轻则喷水 2 ~ 3 次冲洗，减少虫口；
多则喷药，用 40% 胶体硫悬浮剂 250 倍液每 5 ~ 7 天喷
1 次，连喷 2 ~ 3 次，或 5% 噻螨酮乳油 2 000 倍液连喷 2 ~ 3
次。搞好苗期病虫害防治，力求不把病虫带入果园。

南方番木瓜多年生产的经验认为，要番木瓜早结、
丰产，必须先培育老、矮、壮苗。其标准是秋冬播苗期
要有 130 ~ 150 天，叶片在 13 ~ 15 片以上，叶厚、淡
绿色；苗高 25 厘米以下，节密，株高小于苗株宽；茎干
粗壮；叶柄粗而坚挺，叶腋有腋芽，根系发达；透过营
养钵可见发达粗壮的白根，两片子叶仍未脱落。要达到
上述标准，在育苗时要注意随时观察土壤干湿情况，及
时调控茎叶生长和促进根系发育。当幼苗增高时更换较
大的营养钵，如直径为 12 ~ 14 厘米、高 16 ~ 18 厘米等，

或直接播种在大营养钵内（图 5-7）。育苗土选用泥质土，以防移植、种植时松散泥坨伤根。要适当浅播。种子从发芽至长出土面，全靠种子的两片子叶供应养分，若播得深，苗长出土面的时间延长，所消耗的养分增多，长出的幼苗较高而瘦弱。因此，播种后盖土以刚好盖住种子、淋水后种子稍露出土面为好，这样种子一发芽便伸出两片子叶于土面，随后长出真叶，有利于调控、培育矮壮苗。做好"控上"、"促下"和炼苗。为控制地上部分（茎、叶）生长，促进地下部分（根系）生长，要控制水分、养分和温度。幼苗长出真叶后，不断有新叶发生，这时开始控制水分，促进根深生长，抑制茎叶节间伸长，泥土不过湿，以抓之成团为宜。施肥以磷、钾肥为主，少施或不施氮肥。温度控制在 30℃ 左右，保持充足的光照。

图 5-7　番木瓜营养钵育苗

番木瓜苗高 20 ~ 25 厘米时便可出圃定植。台湾地区更早，苗高 10 厘米以上便可定植。番木瓜优良苗木的标准是矮壮、茎粗,叶片齐全,叶色浓绿,须根多,无烂根,无病虫害。出圃前 7 ~ 10 天可再追肥 1 次,促新根生长,提高定植成活率。

2. 扦插育苗　番木瓜除传统采用的实生育苗外,尚可以用侧枝扦插育苗。台湾台南区农场把单株选择获得的优株切去顶端,促进萌发侧芽。侧芽分为上部侧芽和下部侧芽。当其生长至 8 厘米以上时,自其基部带有主干部分切取,切口用 2 000 微克/千克的吲哚乙酸处理,培育成为扦插苗。侧芽愈长愈粗愈重,其扦插发根率愈高,发根所需天数愈短。最适宜的长度为 30 ~ 50 厘米,自早春至晚夏,随时间的推移发根率渐高,7 月中旬至 9 月下旬成苗率可达 100%。扦插苗与实生苗植后比较,极明显地提早开花,且始花高度低,保持母株的特性,上部侧芽扦插苗可提早 124 ~ 136 天开花,始花高度可矮 82 厘米,下部侧芽扦插苗可提早 74 ~ 82 天开花,始花高度矮 59 ~ 68 厘米。用扦插苗种植能大幅度提早开花结果,且始花高度大大降低,对生产有重要意义。由于番木瓜每个叶腋都有腋芽,可人为促进其萌发,生长成为侧枝。因此,专为取侧枝扦插育苗的可以实行密植,在植株未开花或刚开花时提早对植株切去顶端,促其腋芽萌发生长成为侧枝,再取其侧枝扦插育苗。这样可大大提高繁殖系数,为生产提供种性高度一致的良种无性系繁殖的优质种苗。

（二）定植技术

苗木定植时间可在每年 2 月底至 3 月初春暖后进行，南方露地栽培时新建番木瓜园要与旧园相距 100 米以上，并彻底清除周围的病株。番木瓜园不宜连作，园地选择以土壤肥沃疏松为最好。在北方温室内栽培，最好要求土壤疏松肥沃、富含有机质、pH 值在 6～6.5、通气良好的沙壤土或壤土。每 667 米^2 施腐熟有机肥 4 000 千克、过磷酸钙 150 千克、硫酸钾 15 千克和适量的硼肥（番木瓜对硼敏感），回填沉实后整平就可定植。行向为南北向，先按照株行距挖好定植沟或定植穴，定植沟（穴）宽 80 厘米、深 60 厘米（图 5-8）。定植沟的表土与底土分放，回填时可将沟底放入厚 10～20 厘米的秸秆，覆一层土后再施入有机肥作基肥（图 5-9），然后将剩余的土回填，

图 5-8　挖定植沟

图 5-9　沟内施基肥

回填后灌水沉实（图5-10）。待土壤干湿适宜时开始定植，定植时挖一小坑，剥除塑料营养钵，剥除时尽量不要弄松土坨，做到不伤根系，将带土坨的苗木按株行距摆正后，用两手将土向土坨挤紧（图5-11），然后做成畦埂，灌足定植水（图5-12）。栽植方式宜采用宽行栽培，行株距一般采用2～2.5米×1.6～1.8米。

图5-10　定植沟回填后灌水

图5-11　定植营养钵苗

图5-12　定植后做畦灌水

定植苗多为营养钵苗，应尽量不要弄松营养土，做到不伤根、不露根。番木瓜苗不要栽植过深，以略深于根颈为宜。不带泥土移植的种苗，还须摘除下部的叶片。定植后，每天淋水 1 次，经常保持土壤湿润，成活后可逐渐减少淋水次数。

在南方番木瓜的栽培除秋播春植外，尚有春播夏植，于 2 月下旬至 3 月份播种，4 月下旬至 5 月中旬定植，夏播秋植于 7 月下旬播种，9 月份至 10 月上旬定植。在北方温室栽培也可采用这几个时期，以满足不同成熟期市场的需求，但一般以秋播春植为主。

六、栽培管理关键技术

(一) 品种选择

利用日光温室栽培，品种选择要求矮干品种或杂交种，要求瓜形美、糖分极高、耐贮运、抗病性强、果实生育期短、丰产性好的水果型品种。在北方温室栽培以选择果实生育期短的水果型为主。目前筛选出比较适宜的品种有台选1号、日升、红妃、穗中红番木瓜等。

(二) 温湿度管理

番木瓜喜炎热气候，生长适温为26℃～32℃，月平均最低温度在16℃以上。10℃左右植株生长受到抑制，5℃以下幼嫩器官发生冻害，35℃以上又出现趋雄现象。果实发育前期处于高温，果实糖分高，风味好，品质佳。低温使果实变硬、味淡、变苦。室内空气相对湿度应控制在60%～65%。表6-1为各时期温湿度管理指标。

表6-1　番木瓜温室扣棚后至揭棚的温湿度管理指标
（时间为9月下旬至翌年5月末）

物候期	日期	最高温（℃）	最低温（℃）	空气相对湿度（%）
开花、果实生长	10～11月份	28～32	10～18	60
开花、果实生长、成熟	12月份	26～30	8～10	65
果实生长、陆续成熟	1～2月份	26～30	8～15	65

续表 6-1

物候期	日期	最高温（℃）	最低温（℃）	空气相对湿度（%）
果实生长、陆续成熟	3月份	28～32	15～16	65
截干修剪，侧芽萌发	4～5月份	28～32	15～18	60

（三）肥水管理

番木瓜具有生长快、花果期长、花果重叠的特点，要及时施肥保证养分供应。番木瓜在营养生长期以氮∶磷∶钾比例1∶1.2∶1为好，开花结果期以1∶2∶2为合适。根据番木瓜不同生长期的发育特点和需肥特点，将其养分管理分为3个阶段：一是催生肥施用阶段，即在定植后10～15天新根发生，开始施肥，最好施腐熟的粪肥，在2个月内每7～15天追肥1次，以后每20～30天追肥1次，用3∶7的稀人粪尿少施勤施，植株壮大以后，可逐渐提高浓度，或用三元复合肥与尿素交替施用，一般每次50～100克／株，根据苗木的大小和土壤肥力状况控制用量。二是催花阶段，在现蕾前后及时施肥促进花芽形成，以氮肥为主，适当施用磷肥和钾肥，同时还需要叶面喷施0.3%磷酸二氢钾溶液和0.2%硼酸溶液。三是壮果肥阶段，是保证番木瓜进入盛花坐果期养分的需求，从挂果开始至果实成熟前，每个月施肥1次，补充氮、磷、钾含量，并于果实成熟前30天左右追施有机肥，以提高果实品质。番木瓜叶片宽大，蒸腾量也大，茎与根含水量高，正常生长需要充足而均衡的土壤水分，番木瓜果实膨大期需要土壤含水量在田间最大持水量的 70%；土壤缺水即易发生落叶，抑制植株生长，因此要勤灌水，有条件的采用地膜覆盖加滴管的方式，效果较好（图 6-1）。采用大水漫灌，灌溉量不宜过多，防止积水。番木瓜根部忌浸水，土壤积水和地下水位过高，会引起烂根。

图 6-1　覆膜滴灌栽培

（四）整形修剪

番木瓜茎干直立生长，无须特殊的整形，只是在生长期间，侧芽易萌发，所以需经常的及早疏除，以免消耗养分和水分，影响开花结果（图 6-2）。在北方温室栽培，由于空间有限，在春季果实采收以后，于每年 4～5月份距地面 50～70 厘米处锯断，截干后用塑料膜将锯口包扎好（图 6-3）。大约 2 周后，侧芽可萌发，选择生长势好，位置适宜的，保留 1 个侧枝，将其余萌发的侧枝疏除（图 6-4）。在设施内栽培，为了限制生长高度，也可以采用拉干的办法，将主干倾向一边，从而控制其生长势（图 6-5）。另外，枯黄老叶消耗养分，影响通风和光照，且有利于病虫害的发生，应随时剪除。

图 6-2　及时疏除侧芽

图 6-3　番木瓜截干后塑料膜包扎

图 6-4　番木瓜截干后侧芽萌发

图 6-5　倾斜栽培

（五）花果管理

温室内昼夜温差变化较大，由于花蕾过密，两性株易发生畸形花，应及时除去畸形花蕾，留下两边正常的花蕾。番木瓜的花性和株性都很不稳定，其授粉坐果又受各种因素的影响。果实通常在完成授粉受精作用后再完成果实膨大和种子发育的过程。有些雌株雌花也可以不通过授粉受精作用而完成果实的膨大发育阶段，但种子就很少发育完成，这些果实变得很小或无种子。由于番木瓜花授粉不良而导致坐果率低，幼果发育不良造成落果，因此，温室栽培进行人工授粉是必要的（图6-6）。人工授粉宜在早上10时之前，用镊子将当天散粉花朵上的花粉收集于玻璃器皿上，然后用毛笔将花粉黏在雌花或两性花柱头上，不用套袋。每天上午对当天开放的花朵进行授粉。坐果后，常会出现畸形果，形状不一的弱果，影响商品性，因此，随时发现，立即摘除（图6-7）。除此之外，疏果要求每一叶腋只留1个果，最多留两个，

图6-6 采花药、人工授粉

单株平均留果 20 ~ 25 个。优
质小果型番木瓜果小，为保证
产量，在不降低商品果质量的
前提下可多留果。对多余的花
果要及早疏去，以免浪费养分。
疏果宜在晴天午后进行。

番木瓜雄性株不能结果，
直接会影响产量，故待植株已
能辨别株性时，对雄性株要及
时砍伐，并补植大小相当的雌
性株或两性株。即使砍伐后未

图 6-7　疏除过多的果实

能补植，也让出空间给周围植株，用增加单株结果量和
增大果实给予补偿。在定植时，最好备用部分苗木，供
砍伐雄株后补植，保障单位面积结果株数。

（六）设施管理

番木瓜在北方温室内生长一般需 8 ~ 9 个月。进入
6 月份，当室外气温升高以后，即可撤除设施的草苫和塑
料薄膜，使番木瓜进入露地生长阶段。进入秋季后，随
着气温的下降，可于 9 月中下旬，对温室开始进行覆盖
薄膜和加盖草苫，以保证温室内的温度要求。进入温室
内生长的过程中，要加强温室内的温湿度等环境因子的
调控，尤其是在寒冷的冬季，采取措施加强保温，棚膜
保持干净，以增加光照。

（七）果实采收及催熟

番木瓜由开花至果实成熟的时间根据品种不同有较大差别，短则 110 天，长则达 210 天，过早采收，果实难以成熟，过熟采收则不耐贮运。番木瓜果实从结果至成熟，果皮色泽的变化为粉绿色→浓绿色→绿色→浅绿色→黄绿色→出现黄色条斑→黄色扩大但果肉很硬→果实基本黄色且果肉变软（图 6-8）。果皮出现黄色条斑时，表明果实已开始进入成熟期（图 6-9），从出现黄色条斑直到全果变黄这段时间内都可以采收，但从运输贮藏角度来考虑，供外地市场销售的鲜果，因运输时间较长，可在果实开始变黄、果肉较硬时采收，此时果皮坚实，运输方便，且后熟后能够保持番木瓜固有的风味（图

图 6-8 成熟的番木瓜

图 6-9 番木瓜开始成熟

6-10）。供应本地市场的果实，成熟度要求高些，果面有2～3条黄色条纹（三画黄）、果肉小部分开始变软时采收比较合适。在北方温室栽培，多在近郊，且采摘鲜食为主，则可以在果皮全黄，果实稍发软后采摘，此时，营养和口味更好。图6-8为红肉品种成熟时的果肉颜色。另外，番木瓜的乳汁也是判断成熟的依据。随着果实趋于成熟，乳汁颜色由白色变淡，后变成轻微浑浊的半透明状，汁液减少，流速减慢，较易凝聚，果实在树上已熟时，乳汁基本消失，此时采收即可食用，就地销售。

采收时，一手握着果实向上一掰，连果柄一起采收（图6-11）。成熟的番木瓜果实，由于皮薄、质软，容易碰伤，所以在采收的过程中要小心操作。采下的果实要轻放，果柄朝下，使滴下的乳汁不污染果皮。另外，还要避免碰撞挤压而碰伤果皮。

图6-10 番木瓜成熟时的黄色条纹

图6-11 果实采收方法

　　为了调节果实成熟期，可用乙烯利催熟。番木瓜果皮呈黄绿色时可用乙烯利1 500 ～ 2 000倍液进行树上催熟，但乙烯利不可涂到果柄上，否则会引起落果。对采收的"三画黄"番木瓜果实也可进行催熟，一般在高温的7 ～ 8月份，用45%乙烯利2 000倍液。在低温的10 ～ 11月份，用1 000 ～ 1 500倍液将药液喷洒或涂于果皮上便可。可结合保鲜药液一起处理。也可根据实际需要不催熟直接上货架销售。

七、病虫害防治技术

番木瓜苗期危害较重的病害是猝倒病、炭疽病、白粉病等，定植后主要是花叶病、炭疽病、白粉病等。番木瓜虫害主要是红蜘蛛、蚜虫、介壳虫等。

（一）主要病害防治

1. 番木瓜环斑花叶病

（1）危害症状　番木瓜环斑花叶病一般称花叶病，在番木瓜的主要种植区都有发生，是一种危害最普遍和最严重的病害。发病的特点是来势凶、传播快、危害大，已成为毁灭性病害。在北方温室栽培该病也有发生，个别植株受害比较严重。发病初期，在茎、叶脉及嫩叶的支脉间出现水渍斑，随后在嫩叶上出现黄绿相间或深绿与浅绿相间的花叶病症状，在感病果实表皮上也出现水渍状圆斑（环斑），2～3个圆斑可互相融合成不规则形大病斑。低温期，病株叶片大部分脱落，幼叶出现畸形叶，如鸡爪型（图7-1）、卷叶型和缩叶型，即叶肉皱缩、卷曲，或叶肉退化，只剩下叶脉，成十条线状。

（2）发病规律　番木瓜环斑花叶病的病原是一种病毒，称为番木瓜环斑病毒。自然传播媒介为桃蚜和棉蚜，且传播率非常高。本病的潜育期为7～28天，一般

图7-1 番木瓜鸡爪型花叶病

为14～19天。摩擦非常容易传毒，病株叶片与健株叶片进行接触，便可传染。病株种子不带毒，土壤不传病。气候条件对番木瓜环斑花叶病发病有一定的影响。温暖干燥的气候条件，本病发生严重（该气候有利于蚜虫的发育和迁飞）。高温对本病病毒有抑制作用，病株每天加温至40℃，4小时连续4天，病株明显回绿，病斑消失，但停止高温后几天，症状再度出现。如果在第二个发病高峰时，顶叶有花叶，下面无花叶，说明第一次发病高峰没有感染番木瓜环斑花叶病，对结果及产量影响不大。如果在第二个发病期上、下面叶片都有花叶，说明第一次发病高峰期已感染番木瓜环斑花叶病，则影响结果。植株的生育期及生长状况也影响发病，番木瓜栽培，从苗期开始至移栽后开花坐果，整个生长发育阶段均可感染番木瓜环斑花叶病。从发育阶段来看，苗期虽感病，但一般发病较少，定植后40天植株发病亦较少。开花结果期植株容易感病，而且这个时期植株感病传播速度比较快。另外，生长旺盛的植株耐病性强。不同品种对本病的抗耐性有差异，如表现发病迟早、发病率高低、病状的轻重等都有些不同。

（3）防治方法　到目前为止，还没有完全根治本病的方法，只是采取以栽培措施为主的综合防治措施。

①选种耐病品种：如穗中红、台选1号等就具有较高的抗病性。

②加强栽培管理：改进栽培管理措施，增强植株抗、耐病能力。改变耕作方式，在南方可采取当年收果，当年砍伐，以保证产量。在北方温室栽培，因苗木成本较高，不能达到当年采收，可加强肥水管理，提高抗病性。

③及时挖除病株：植株在营养生长期一般抗性较强，当转入开花结果阶段，抗病性就减弱，此时在果园发现病株时应立即挖除，防止病害扩展蔓延。

④消灭病源：栽植过的果园在植前清除病株。北方温室采后截干栽培，截后及时清除枝干、老叶。

⑤药剂治蚜：定期喷药灭蚜，在蚜虫迁飞高峰期，特别是在干旱季节及时检查喷药，果园周围蚜虫喜欢栖息的杂草，应注意清除。

2. 番木瓜炭疽病

（1）危害症状　番木瓜炭疽病是仅次于番木瓜环斑花叶病的另一个重要病害，在我国广东、广西、福建和台湾等产地普遍发生。番木瓜全年可发病，以秋季最为严重，幼果及成熟果发病较多。在果实贮藏期本病可继续危害。在北方温室栽培也有发生。本病主要危害果实（图7-2），其次危害叶片、叶柄和茎。被害果面先出现黄色或暗褐色的水渍状小斑点。随着病斑逐渐扩大，病斑中间凹陷，出现同心轮纹，其上产生粉红色黏状孢子堆，病菌

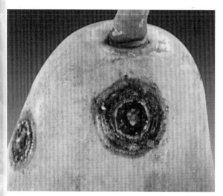

图7-2　番木瓜炭疽病

菌丝可侵入果实组织，造成组织变色、变软，并散发异味，多数病斑融合后更加速果实腐烂。叶片上，病斑多发生于叶尖和叶缘，色褐，呈不规则形，斑上有密生暗色小黑点。在叶柄上，多发生于将脱落的叶柄，病斑交界不明显，上面生黑色小点。

（2）发病规律　该病病原为炭疽病菌，该菌在病残体中越冬。在高温多湿的条件下，有利于病害发生流行，分生孢子由风雨及昆虫传播，经气孔、伤口或直接由表皮侵入。遇雨水时分生孢子容易借雨水的飞溅与气流的带动传播。

（3）防治方法

①冬季清园：彻底清除病残体，集中烧毁或深埋，并喷洒1%波尔多液1次。

②采前、开花后喷洒 1% 波尔多液 4 次 发病季节每隔 10 ～ 15 天喷 1 次，连喷 3 ～ 4 次。药剂还可用 70% 甲基硫菌灵可湿性粉剂 800 ～ 1 000 倍掖，或 40% 硫磺·多菌灵悬浮液 250 ～ 350 倍液，或 50% 多菌灵可湿性粉剂 800 倍液，并及时清除病果。

③适时采果：避免过熟采果及采摘时弄伤果实，特别是果梗端。在采果前 2 周喷 70% 甲基硫菌灵可湿性粉剂 1 000 倍液，可起到防腐保鲜的作用。果实采收后，进行保鲜处理。

3. 番木瓜白粉病

（1）危害症状　番木瓜白粉病危害叶片、叶柄、茎部、花及果实。患病叶片表面初现黄色斑点，叶背或叶片上有白色粉状物（图 7-3），最初点状散生，后可布满全叶，导致叶缘上卷甚而焦枯，患病新叶竖立，叶柄及叶片均脆弱易折断，患病株生育缓慢，植株矮小，尤其木瓜幼苗被害时，往往导致严重落叶，甚至植株凋萎，整株受害时，常导致开花不结果或果实品质降低。果实发病时，初呈褐色斑块，后着生白色粉状物，粉状物消失

图 7-3　番木瓜白粉病

后，果皮上残留斑痕，发病严重时果实发育受阻。

（2）发病规律　番木瓜白粉病主要发生于干旱季节，12月份至隔年4月份随处可见，但以初春时（3月份）最为严重，至4月份病势开始趋缓，5月份以后即不再发生。由气象数据分析，本病发生的适宜温度在18℃～22℃，太高的温度下，本病即受抑制。同时，多雨季节也不利于本病发生，可能与雨水会对分生孢子造成机械冲刷，或于多水情况下孢子萌发不良有关。因此，本病的发生与温度、雨量有密切关系。通风不良的果园，白粉病发生亦较严重。

（3）防治方法　避免过度密植，注意通风透光。避免偏施氮肥。于发病初期喷布化学药剂防治，每隔10天喷1次，连续2～3次，药剂可选择25%三唑酮可湿性粉剂1 500倍液，番木瓜幼苗期避免使用。用50%硫磺可湿性粉剂400倍液，或40%敌硫酮可湿性粉剂900倍液，发病初期开始，每隔10天喷1次，连续2～3次。还可用43%菌力克悬浮剂4 000倍液。采收前18天停止喷药。

（二）主要虫害防治

危害番木瓜的害虫常见的有红蜘蛛、蚜虫、介壳虫等，苗期还经常受小地老虎、蛴螬等地下害虫的危害。蚜虫还是番木瓜环斑花叶病的传播媒介。

1. 红蜘蛛

（1）危害症状　红蜘蛛是番木瓜主要害虫，红蜘蛛是以成螨和若螨活动于叶片背面（图7-4），吸取汁液。被害叶片缺绿，或变黄点，严重危害叶片时，黄斑点连成一片或斑块，似花叶病症状。被害叶片缺绿影响光合作用，严重时叶片脱落，植株生长受影响。

图7-4　红蜘蛛危害叶片

（2）发病规律　在广东地区栽培的番木瓜，一年四季都有红蜘蛛危害，每年发生20多代，世代重叠，在南方主产区以4～5月份和8～11月份为发生高峰期，在北方4～5月份为番木瓜截干修剪时期，只有在8～11月份发生严重。高温低湿环境发生严重，尤其在北方的日光温室内栽培，为了提高生长温度，在夏季时常不撤除塑料薄膜，若不及时灌水，易造成高温低湿的环境，则易发生红蜘蛛的危害。管理粗放、植株叶片老、含氮量高，螨繁殖快，危害严重。

（3）防治方法

①农业防治：番木瓜砍除或截干修剪时，要彻底清除温室内残体及杂草，集中烧毁，减少越冬虫源。

②生物防治：发现少量红蜘蛛危害可喷水冲刷，以减少危害，保护好自然天敌捕食红蜘蛛。

③化学防治：红蜘蛛发生初期可用18.5%达克螨乳

剂1 000倍液喷布。发生高峰期，可用40%胶体硫悬浮剂250倍液,在幼虫孵化期每隔5～7天喷1次,连喷2～3次。还可用杀螨剂,如73%炔螨特乳油1 500～2 000倍液、5%噻螨酮乳油2 000倍液等。应用化学防治时，由于红蜘蛛极易产生抗药性,而且获得的抗药性可以遗传。因此,使用的化学药剂要交替轮换，千万不要长期连续施用一种药剂,以防止或延缓红蜘蛛产生抗药性。

2.蚜 虫

(1) 危害症状 蚜虫是番木瓜环斑花叶病的主要昆虫媒介之一（图7-5）,主要有桃蚜和棉蚜。当蚜虫在病株上吸取汁液时，番木瓜环斑花叶病病毒随着汁液吸入蚜虫体内，使蚜虫成为带毒蚜虫。当带毒蚜虫再去吸食健康植株时，便把病毒传播给健康植株。

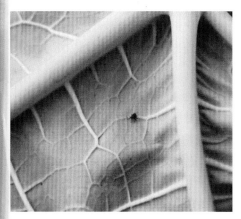

图7-5 蚜虫危害叶片

(2) 发生特点 在广州地区，蚜虫每年发生10～30代,世代重叠,常年危害番木瓜。其寄生植物有桃、十字花科蔬菜、马铃薯等。桃蚜也在番木瓜植株上繁殖、越冬。干旱气候一般对蚜虫发生有利，雨水对蚜虫有直接冲刷、机械击落作用。有翅蚜对黄色有强烈趋性，对银灰膜有负趋性。

（3）防治方法　一是繁种、育苗基地应远离桃树等寄主植物，清除田间杂草。二是利用蚜虫趋黄色的特性，制作诱蚜板进行种群数量测报或诱杀，或畦面覆盖银灰膜驱蚜。三是化学防治，当发现蚜虫数量猛增时，可选用25%唑蚜威乳油、10%吡虫啉可湿性粉剂1 500倍液，或50%抗蚜威可湿性粉剂2 000 ～ 3 000倍液防治。

金盾版图书,科学实用,
通俗易懂,物美价廉,欢迎选购

怎样提高苹果栽培效益	13.00	提高萝卜商品性栽培技术	
怎样提高梨栽培效益	9.00	问答	10.00
怎样提高桃栽培效益	11.00	提高胡萝卜商品性栽培技	
怎样提高猕猴桃栽培效益	12.00	术问答	6.00
怎样提高甜樱桃栽培效益	11.00	提高马铃薯商品性栽培技	
怎样提高杏栽培效益	10.00	术问答	11.00
怎样提高李栽培效益	9.00	提高黄瓜商品性栽培技术	
怎样提高枣栽培效益	10.00	问答	11.00
怎样提高山楂栽培效益	12.00	提高水果型黄瓜商品性栽	
怎样提高板栗栽培效益	13.00	培技术问答	8.00
怎样提高核桃栽培效益	11.00	提高西葫芦商品性栽培技	
怎样提高葡萄栽培效益	12.00	术问答	7.00
怎样提高荔枝栽培效益	9.50	提高茄子商品性栽培技术	
怎样提高甜瓜种植效益	9.00	问答	10.00
怎样提高蘑菇种植效益	12.00	提高番茄商品性栽培技术	
怎样提高香菇种植效益	15.00	问答	11.00
提高绿叶菜商品性栽培技		提高辣椒商品性栽培技术	
术问答	11.00	问答	9.00
提高大葱商品性栽培技术		提高彩色甜椒商品性栽培	
问答9.00		技术问答	12.00
提高大白菜商品性栽培技		提高韭菜商品性栽培技术	
术问答	10.00	问答	10.00
提高甘蓝商品性栽培技术		提高豆类蔬菜商品性栽培	
问答	10.00	技术问答	10.00

以上图书由全国各地新华书店经销。凡向本社邮购图书或音像制品,可通过邮局汇款,在汇单"附言"栏填写所购书目,邮购图书均可享受9折优惠。购书30元(按打折后实款计算)以上的免收邮挂费,购书不足30元的按邮局资费标准收取3元挂号费,邮寄费由我社承担。邮购地址:北京市丰台区晓月中路29号,邮政编码:100072,联系人:金友,电话:(010)83210681、83210682、83219215、83219217(传真)。